Edouard Blanc

L'énigme du pôle nord

Histoire

ISBN : 978-1544065502

10   9   8   7   6   5   4   3   2   1

Edouard Blanc

L'énigme du pôle nord

Histoire

Table de Matières

L'énigme du pôle nord

En géographie comme en toute autre matière, les événements de même nature ont coutume de se suivre par séries. Très peu de temps après le moment où, contrairement à toute attente, le Pôle Sud, que l'on croyait, pour longtemps encore, hors de la portée des hommes, a été, à l'improviste, presque atteint par l'explorateur anglais Shackleton, le Pôle Nord, à son tour, a livré son secret. Et, après avoir été longtemps inaccessible, après avoir dévoré un grand nombre de ceux qui ont tenté de l'approcher, voici même que maintenant il a été découvert à la fois par deux explorateurs, qui se disputent la priorité de l'exploit. Le Sphinx a rencontré le même jour deux Œdipe.

Nous n'avons pas à nous prononcer sur le conflit qui divise en ce moment les deux explorateurs américains Cook et Peary. D'ici peu, la question sera tranchée entre eux. Le succès du commodore Peary ne fait de doute pour personne dans le monde scientifique. Quant au succès du docteur Cook, il n'a rien d'impossible, quoique certains détails soient dénaturée inspirer des doutes.

Nous n'entreprendrons pas non plus de retracer, même par une brève énumération, la liste des tentatives des voyageurs qui, durant le siècle qui vient de s'écouler, ont cherché à atteindre le Pôle Nord. Certes, cette nomenclature est fort intéressante et vaut la peine d'être rappelée à tous, dans les circonstances actuelles. Mais cette liste, où les noms de ceux qui ont été assez heureux pour réussir partiellement ou pour faire des découvertes importantes, souvent aussi utiles et aussi difficiles que celle du Pôle lui-même, se mêlent au martyrologe de ceux qui ne sont pas revenus, formerait à elle seule la matière d'un très long article. Et nombreux sont les volumes qui ont déjà été consacrés à ce sujet depuis un siècle dans les milieux techniques.

* * *

Nous nous bornerons à répondre à une question qui est tout à fait de circonstance, et qu'aucun journal n'a traitée encore, dans la marée montante d'articles qui ne sont que le prélude à la littérature spéciale qu'il faut nous attendre à voir éclore.

Edouard Blanc

Cette question, que plusieurs ont posée, sans savoir la résoudre, et sur laquelle les savants consultés n'ont pas répondu clairement jusqu'à présent, c'est la suivante :

Quelle est l'utilité de la découverte du Pôle Nord ?

Un savant vénérable, dont l'Académie des Sciences déplore la perte toute récente, et qui, en outre, fut aussi Président de la Société de géographie, a répondu brièvement à un journaliste, lequel l'interrogeait dans ce sens et qui peut-être lui a paru trop utilitaire. Ce journaliste a traduit à son tour la réponse dans les termes suivants, que la presse a reproduits :

« Cette découverte ne sert à rien du tout. C'est un simple sport. Il y a des gens qui font du sport sous forme d'aviation Il y en a d'autres qui font du Pôle Nord. C'est la même chose. Ce que l'on peut dire de mieux, c'est qu'il y a bien des manières de dépenser son argent et ses efforts et qui sont encore moins utiles que celle-là. »

Cette réponse, surtout traduite ainsi, est un peu sommaire. Certes, la découverte du Pôle Nord, — et c'est l'une des choses qui la rendent le plus glorieuse, — n'est pas une découverte *utilitaire* au point de vue d'un bénéfice en argent immédiat, ni au point de vue industriel. Et encore, qui le sait ? Il pourra résulter peut-être, pour l'industrie des siècles futurs, de l'occupation par les hommes de ce point singulier, où tous les méridiens se confondent et où l'on peut faire en une seconde le tour du monde, où l'on peut, en quelques pas et en quelques instants, descendre ou remonter le cours des vingt-quatre heures, et abolir le Temps, ce grand facteur des fortunes et des résultats mécaniques, une source colossale de force et de richesses. Mais il est encore trop tôt pour en parler.

On peut dire aussi qu'il n'en résultera pas davantage de profit pour la nation à laquelle appartiendra l'emplacement du Pôle, puisque ce point, au moins pour ce qui est du Pôle Nord, étant en pleine mer, ne peut, aux termes des conventions internationales en vigueur, devenir la propriété de personne. Le glaçon même qui porte le drapeau qu'a planté Peary, est déjà, en vertu d'une loi physique connue depuis quelques années, entraîné assez loin, à l'heure où nous parlons, du point géographique que l'on appelle le Pôle Nord. La possession de ce glaçon, désormais illustre, présentera bien peu d'intérêt car, dans un délai probable de deux ou trois ans, il sera fondu, à moins qu'il ne soit allé se figer dans quelque détroit, où d'autres glaçons l'auront bloqué, dans tous les cas, très loin de son point d'origine.

Mais, de ce qu'il ne résulte pas de bénéfice financier proprement dit, ni même d'important progrès cartographique dans le fait de la vue du Pôle Nord par un œil humain, la question n'en est pas moins très intéressante au point de vue scientifique. Elle est liée à la clef de très grands problèmes, dont nous allons esquisser, en passant, quelques-uns, car la science vulgaire les ignore, ou bien les a perdus de vue au cours de la recherche longue et acharnée qui a été faite de ce point mystérieux.

* * *

Disons tout d'abord que l'on savait très bien, *a priori*, qu'au Pôle Nord il ne devait y avoir aucune terre, et même qu'il devait s'y trouver une mer profonde. On le savait en vertu d'une conception théorique digne d'attention, celle de Lowthian Green ; mais ce n'était en somme qu'une hypothèse, bien qu'elle fût appuyée sur de curieuses expériences. Et il était nécessaire de la vérifier directement, car, en matière scientifique, toutes les expériences, même les plus ingénieuses, et toutes les hypothèses, même les plus vraisemblables, ont quelquefois été démenties brutalement par le fait, et, jusqu'au dernier instant, celui où l'on a dûment constaté le fait, on n'est jamais sûr de rien.

L'expérience de Lowthian Green étant assez peu connue, il peut être intéressant de la rappeler ici.

La Terre, on le sait (ou du moins tous les savants sont maintenant d'accord pour l'admettre), après avoir pris une forme sphérique, qui a succédé probablement, si la célèbre doctrine de Laplace sur la formation des Mondes est exacte, à la forme annulaire [1], a diminué de volume à mesure qu'elle passait de l'état gazeux à l'état liquide, puis à l'état solide. En même temps, elle a conservé son énergie potentielle et sa chaleur, en vertu de lois ingénieuses, qui ont été formulées, puis démenties plusieurs fois, au cours des dernières années. On en est arrivé à penser que peut-être la Terre perd de l'énergie en rayonnant dans l'espace, mais que peut-être aussi, au contraire, tout compte fait, elle en gagne en se contractant, ou même, suivant une théorie encore plus récente, celle du docteur Gustave Le Bon, qu'elle en crée, par la dématérialisation de la matière.

La critique de tout ceci nous entraînerait trop loin, et c'est l'un des problèmes que les hommes cherchent à résoudre, mais il est un peu à côté de la question polaire proprement dite. Pour en revenir à celle-ci et à l'expérience de Lowthian Green, nous dirons que la Terre, à partir d'un certain moment, s'est, par suite de son refroidissement, revêtue d'une croûte solide, l'intérieur restant liquide ou pâteux. Cette croûte s'est brisée et ressoudée plusieurs fois, sous la poussée interne, ou, au contraire, par suite du retrait de son soutien. Mais, à partir du moment où elle a été suffisamment épaisse, cette écorce a cessé de se crevasser, et l'étendue de sa surface est restée sensiblement la même. D'autre part, le volume de la Terre, c'est-à-dire le volume de la masse pâteuse, par suite du refroidissement, continue à diminuer sans cesse. Indépendamment des fractures locales qui ont résulté du manque de points d'appui et qui ont produit les grandes chaînes de montagnes, on peut se demander si la croûte solide de la Terre, qui primitivement était sphérique, est demeurée ronde. Dans son ensemble, il est probable que non. La surface des mers, qui s'étaient précipitées par condensation, à un moment donné, et qui avaient recouvert la croûte solide d'une façon uniforme, est bien restée ronde, à cause de la fluidité des eaux. Mais la surface solide du globe a dû changer de forme. Dans ces conditions, le contour des continents, ou du moins le dessin des grands plateaux qui les supportent, doit être figuré par l'intersection de la sphère ronde, qui est celle de la surface des mers, avec le corps solide, dont la forme est à déterminer.

Pour connaître cette forme, Lowthian Green imagina de suspendre des ballons en caoutchouc parfaitement ronds et remplis d'eau, et de les dégonfler peu à peu. Puis il étudia la forme que tendaient à prendre ces ballons [2].

Un peu plus tard, un savant français, M. Lallemand, rapprocha ces expériences de celles de Fairbairn, relatives à la déformation des tuyaux de plomb cylindriques, lorsqu'ils sont soumis à une pression périphérique. Ces tuyaux arrivent à prendre une forme prismatique à trois pans, avec angles arrondis. M. Lallemand compléta par diverses recherches les expériences de Fairbairn et de Green. Ces savants trouvèrent, en résumé, que la sphère tend à prendre la forme d'un polyèdre régulier, ce que l'on pouvait déjà préjuger par raison de symétrie. Et parmi les polyèdres réguliers convexes qui, on le sait, sont au nombre de cinq [3], ils trouvèrent que celui qui se formait était le tétraèdre régulier, d'où vient le nom de *théorie tétraédrique*, donné au système de Lowthian Green.

Du reste, on pouvait le prévoir, car c'est une règle de géométrie que tous les polyèdres réguliers ont, à surface égale avec la sphère dont ils dérivent, un volume moindre, et, entre les cinq polyèdres réguliers convexes qui existent en géométrie, le tétraèdre est celui qui, pour la même surface, a le plus petit volume ; c'est par conséquent celui qui, pour une pression donnée, cette pression étant la différence entre la pression externe et le vide interne, doit tendre à se former de préférence aux autres.

Si l'on considère quelle est la forme que donnerait aux continents l'intersection d'une sphère solide ainsi déformée, avec une sphère liquide demeurée ronde (et en tenant compte, si l'on veut, du coefficient d'aplatissement qui résulte de la rotation de la Terre), on trouve que la sphère terrestre doit présenter trois grands continents triangulaires ayant leurs pointes dirigées du même côté. C'est justement ce qui arrive. L'Amérique du Sud, l'Afrique, l'Asie représentent trois grands triangles qui ont leur pointe au Sud. La pointe de l'Asie est figurée par l'Insulinde, c'est-à-dire par l'Archipel Malais, qui n'en est que le prolongement brisé. Une remarque assez intéressante que l'on peut faire aussi, c'est que toutes ces pointes sont tordues vers l'Est. Ainsi la Patagonie pour l'Amérique du Sud, le Mexique pour l'Amérique du Nord, l'Indo-Chine pour l'Asie, et son prolongement insulaire, sont tordus vers l'Est. Cela tient au retard dû à la rotation pour les parties solides, qui sont à l'extrémité d'un plus grand rayon que les parties effondrées.

Toujours dans la même hypothèse tétraédrique, puisque les pointes des trois triangles principaux sont au Sud, l'un des sommets du tétraèdre solide doit percer la surface de la mer au Pôle Sud et y former un continent assez élevé. C'est justement ce que l'expérience a vérifié. Et, de l'autre côté, on doit trouver une dépression à peu près égale, située au Pôle Nord. Le Pôle Sud étant à près de 3 500 mètres au-dessus du niveau des mers, ainsi que l'a constaté l'expédition Shackleton, on doit trouver, au Pôle Nord, une mer profonde de 3 500 mètres également. C'est précisément ce que vient de vérifier une observation de Peary, dont nous ne connaissons pas encore les sondages au Pôle même, mais qui, aux environs du 88ᵉ degré, a trouvé une profondeur d'eau de 850 brasses, et, plus au Nord, davantage.

Sans entrer dans de plus amples détails, nous voyons déjà que la vérification expérimentale de cette théorie tétraédrique était l'un des points intéressants que la découverte du Pôle Nord permettait d'établir.

* * *

La déformation tétraédrique ne s'applique pas au globe terrestre dans toute sa rigueur. La contraction n'a pas été suffisante pour que la partie solide de notre planète ait pris la forme géométrique d'un tétraèdre parfait qui, à surface égale avec une sphère, a un volume beaucoup moindre. Elle a simplement tendu à la prendre. Le tétraèdre parfait s'écarte beaucoup de la sphère, et d'autre part, nous voyons que les plus fortes saillies et les plus grandes dépressions de l'écorce terrestre sont très faibles, proportionnellement au rayon de la sphère primitive. Mais, pour rattacher la forme actuelle de la partie solide du sphéroïde terrestre à la théorie tétraédrique, il suffit de considérer, au lieu du tétraèdre simple, une forme secondaire qui en dérive et qui existe dans la nature, car elle est assez fréquente en cristallographie. C'est celle que l'on appelle l'*hexatétraèdre*, et que l'on obtient en remplaçant chaque face triangulaire du tétraèdre par un hexagone, puis en construisant sur chaque face une pyramide à six pans. Et si, au lieu de donner aux arêtes du solide ainsi obtenu la forme droite, on y substitue des arêtes courbes, on a un solide se rapprochant, autant que l'on voudra, de la sphère, mais dérivé de celle-ci en vertu des mêmes lois mécaniques que le tétraèdre.

D'autre part, des causes autres que la contraction simple sont venues se combiner avec celle-ci. Dans le nombre, il y a la torsion ou l'effondrement qui a produit la grande cassure médiane appelée dépression méditerranéenne. Cette fracture, jalonnée par des volcans, a produit, dans le Vieux Continent, la Méditerranée. Elle a coupé en deux l'Amérique et a produit la mer des Antilles, avec les manifestations volcaniques qui l'accompagnent. On y rattache les îles éruptions du Pacifique, les grands volcans des îles Hawaï. Le tracé suivant lequel elle coupe le continent asiatique ou la mer des Indes est discuté, mais on peut l'établir. Entre autres effets, cette cassure a eu pour conséquence de donner aussi à l'Amérique du Nord la forme d'un triangle ayant sa pointe au Sud et tordue vers l'Est, comme l'Amérique du Sud.

Enfin, une autre cause de fracture ou de plissement de l'écorce terrestre, encore mal connue, a été entrevue par le savant mathématicien Boulangier, qui a essayé de la formuler dans sa théorie dite du *feston terrestre* [4].

Une autre théorie tétraédrique est due à l'éminent géologue Michel Lévy. Elle place les sommets du tétraèdre d'une tout autre façon, et ne fait pas coïncider l'un d'eux avec un pôle. Il en résulte d'ingénieuses concordances de plusieurs grandes lignes de relief continentales avec les arêtes du tétraèdre, principalement dans les régions autres que l'Europe.

* * *

Les hypothèses que nous venons de mentionner, et que la découverte des pôles permettra de confirmer ou d'infirmer, sont d'ordre *géogénique*, c'est-à-dire qu'elles ont trait au mode de formation de la Terre. Il en est d'autres qui sont d'ordre *géomorphique*, c'est-à-dire qui, sans rien préjuger sur l'évolution du globe, se rapportent à sa figure même, dans son état actuel.

Par exemple, l'hypothèse d'un axe solide existant au pôle et servant de pivot à la terre, ou, comme on l'aurait dit autrefois de préférence, à la machine du monde, c'est-à-dire à la voûte céleste, ne mérite plus d'être citée qu'à un point de vue simplement historique. Il y a des siècles qu'on n'y croit plus. Il n'y a pas de « Grand Clou. » Déjà ni Rabelais, ni Cyrano de Bergerac, dans leurs demi-fantaisies, ne l'admettaient plus.

Cependant, sans rien supposer de précis, on ignorait encore, il y a moins de trois siècles, au temps de Louis XIV, s'il n'y avait pas *quelque chose* pour supporter la Terre dans l'espace.

Lorsque Regnard, l'illustre poète, qui termina sa carrière à une date dont la Comédie-Française célébrait ces jours-ci le deuxième centenaire, entreprit le fameux voyage en Laponie, dans lequel il atteignit l'extrémité septentrionale des terres de l'Ancien Continent, il parlait encore, d'une façon vague et problématique, du *Grand Essieu*, sur lequel tourne la Terre et dont il cherchait à se rapprocher.

Après que l'idée d'un pivot ou d'un support solide eut été abandonnée, plusieurs géographes, et non des moindres, persistèrent dans l'hypothèse d'un trou polaire. C'est-à-dire qu'ils supposèrent qu'au Pôle, soit au Pôle Sud, soit au Pôle Nord, soit en ces deux emplacements, il existait un trou mettant en communication l'eau des mers avec l'intérieur de notre sphère terrestre, supposée creuse. Il n'y a pas lieu de plaisanter sur cette croyance et de la rejeter dédaigneusement sans examen. De fort grands esprits l'ont admise. Mercator lui-même, l'éminent géographe et astronome auquel on doit le système de projection qui porte son nom et sur lequel, depuis trois cent cinquante ans, les marins de tous les pays s'appuient pour fixer la route quotidienne de leurs navires, n'hésitait pas à admettre cette hypothèse du trou polaire.

Ainsi que beaucoup d'autres savants de son temps, il ne se rendait pas compte du fait que l'évaporation enlève à la mer, pour former les nuages, autant d'eau qu'elle en reçoit. Il lui semblait que, puisque tous les fleuves se jettent dans la mer, celle-ci devait avoir un trop-plein ou un régulateur de son niveau Il pensait que ce trop-plein devait s'engouffrer à l'intérieur du globe pour aller former les sources. Là fut le point de départ de ces fameuses cartes de Mercator figurant le Pôle et dans lesquelles on voyait la mer se précipiter à l'intérieur du globe terrestre par quatre embouchures.

C'est la même hypothèse qui fut reprise au commencement du siècle dernier par l'écrivain visionnaire Edgar Poë, qui la développa dans son roman d'*Arthur Gordon Pym* . L'incertitude où l'on était de la terminaison septentrionale des grands courants marins, tels que le Gulf-Stream, les légendes relatives au Maëlstrom, et d'autres circonstances encore, donnèrent une apparence de possibilité à cette hypothèse d'un gouffre polaire.

Hypothèse fantastique, dira-t-on. Rêverie de romancier. Peut-être. Mais, qu'en savait-on hier ? Et même, qu'en sait-on, au juste, aujourd'hui ? Ni Peary ni Cook n'ont vu le gouffre polaire. Est-ce une raison suffisante pour déclarer qu'il n'existe pas ? Nullement : étant donné la profondeur de la mer au Pôle, profondeur qui dépasse 3 000 mètres, lors même qu'il existerait un trou au fond, rien n'en révélerait l'existence à la surface. Il n'y aurait que des courants de fond.

Et cet étrange grondement que Peary a entendu constamment lorsqu'il était près du Pôle, et qu'il a attribué, avec raison probablement, au bruit des glaces brisées indéfiniment répercuté, ce bruit que l'on peut attribuer aussi au frottement de la mer contre la surface inférieure de la banquise, ou à la vibration des glaces, peut-être dû en partie au mugissement sourd d'une cataracte profonde. C'est peu probable. Mais il serait encore prématuré d'affirmer absolument le contraire.

* * *

A côté de la théorie de ce trou polaire *permanent* et que l'on peut appeler *hydrographique*, établissant une communication permanente entre les eaux des mers et l'intérieur de la Terre, il en est une autre, moins plausible et qui a été moins durable, mais que l'on peut aussi mentionner en passant. C'est celle d'un trou *temporaire* ayant un rôle *éruptif*.

Certains géographes ont remarqué que les continents et les îles étaient répartis à la surface du globe terrestre comme si, à un moment donné, un trou s'étant formé au Pôle Nord, une partie de la masse liquide ou pâteuse contenue à l'intérieur de la Terre avait été projetée par ce trou et était retombée en pluie sur le reste de la surface ou y avait débordé en nappes. C'est encore une façon plus sommaire et moins justifiée que la théorie tétraédrique d'expliquer la forme des continents avec leurs pointes au Sud.

Bien entendu, cette théorie ne peut pas s'appliquer aux couches sédimentaires, dont la formation alluvionale est bien connue et dans lesquelles se trouvent des squelettes d'animaux et des débris de végétaux qui ont été vivants. Elle ne peut s'appliquer qu'aux terrasses primitives qui supportent les continents et qui sont formées par des terrains ignés. Et de plus, à vrai dire, cette hypothèse ne résiste guère à la critique. Car, si l'on relire des continents toute la masse des terrains sédimentaires, leur forme se trouve singulièrement modifiée, et il n'en reste plus qu'une charpente très différente de leurs contours actuels, tels que nous sommes habitués à les voir. Cependant, nous avons tenu à mentionner cette hypothèse entre d'autres.

Les géographes qui l'ont formulée prétendent qu'à un certain moment, soit par suite de la surchauffe des matériaux gazeux emprisonnés sous la croûte, à une pression formidable, soit par suite de l'attraction de corps sidéraux quelconques, à proximité desquels la Terre aurait passé, la croûte aurait sauté dans le voisinage du Pôle Nord, et une projection de matière cosmique, provenant de l'intérieur du globe, aurait eu lieu.

A propos de cette hypothèse, aujourd'hui généralement abandonnée, et assez peu consistante, qui serait relative au passé, il y a lieu de rappeler une autre conception de l'esprit, due à d'autres théoriciens, et qui, celle-là, serait relative à l'avenir. Certains d'entre eux ont prétendu que notre globe serait, encore actuellement, menacé d'une destruction totale par éclatement, au moment où se produiront certaines coïncidences astronomiques, par exemple au moment où la Terre traversera le plan médian de la Voie lactée, qui n'est autre que la constellation céleste à laquelle nous appartenons, ainsi que tout notre système solaire. L'apparence spéciale de cette constellation tient à ce qu'elle a la forme d'une lentille aplatie et est vue par nous suivant sa tranche. Le retournement du noyau liquide de la Terre, qui peut résulter de cette traversée, lorsque son centre de gravité changera de côté, sera, disent les auteurs de la théorie, suffisant pour produire la rupture de l'écorce terrestre et l'éclatement de notre globe. Cet éclatement serait évité, ajoutent-ils, si les hommes pratiquaient au Pôle un forage profond, par lequel, le cas échéant, la masse ignée encore en fusion pourrait trouver une soupape d'échappement.

Les inventeurs de ce système s'appuient sur différentes considérations mathématiques et astronomiques, et ils ont pour eux un texte de l'Apocalypse, dont l'interprétation, comme celle de la plupart des autres versets, est fort obscure. « Alors, dit le verset dont il s'agit, les colonnes du ciel se briseront et les fontaines du Grand Abîme s'ouvriront. »

Grâce à leur remède, disent les auteurs du système, les fontaines du Grand Abîme s'ouvriront, mais les colonnes du ciel ne se briseront pas. Pourtant, à vrai dire, cette question si haute nous semble de peu d'intérêt. Si, même après avoir réalisé, avec les moyens techniques que l'avenir réserve à l'Humanité, le difficile forage dont il s'agit, les hommes étaient encore menacés de voir notre planète se délester d'une partie de son poids, ce qui l'entraînerait hors de son orbite, et être de plus aspergée d'une pluie de feu et d'une nappe de laves incandescentes, issues de la soupape artificielle du Grand Abîme, l'inconvénient serait presque aussi grand, au point de vue des intérêts des habitants, que si la Terre éclatait en plusieurs fragments dans l'espace

* * *

Parmi les phénomènes spéciaux, plus mystérieux encore, dont le Pôle est le siège, et dont on n'a pas la clef, il en est encore d'autres sur l'existence desquels des indications incontestables nous sont fournies par la boussole. Voici une dizaine de siècles que les Arabes nous l'ont transmise, après l'avoir eux-mêmes reçue des Chinois, qui prétendaient la connaître depuis deux mille ans. Et voici sept cents ans que l'on a remarqué la manière dont l'aiguille aimantée est attirée par le Pôle Nord et par le Pôle Sud, et non pas par l'Étoile polaire, comme on l'avait cru d'abord.

L'hypothèse orientale de la montagne d'aimant qui se trouverait au Pôle ou dans les environs a été abandonnée. On peut expliquer l'action de la Terre sur la boussole de bien d'autres manières. On peut, par exemple, considérer la Terre tout entière comme un colossal solénoïde agissant sur l'aiguille aimantée par le seul fait de sa rotation. Les expériences d'Œrstedt et celles d'Ampère sur l'action réciproque des solénoïdes les uns sur les autres et sur la manière dont l'un d'entre eux influence l'aiguille aimantée rendent très admissible cette hypothèse.

On peut aussi considérer la Terre comme un énorme aimant ou comme une masse de fer ou de minerai de fer se trouvant dans un état permanent d'aimantation, soit par suite de sa rotation, soit par suite de son mouvement dans l'espace, soit par suite d'actions moléculaires, soit pour toute autre cause.

On sait d'ailleurs que la densité de la Terre, qui paraît être un peu plus de 5,5, est un peu inférieure à celle du fer. Il est donc très probable que le noyau de la Terre est formé en très majeure partie par du fer. La présence de sels de fer dans presque toutes les roches constitutives de la croûte terrestre confirme cette hypothèse. Dans la partie centrale se trouveraient, en quantité moindre, d'autres métaux plus lourds que le fer, rangés par ordre de densité.

Du reste, depuis longtemps, le pôle magnétique a fait l'objet de recherches et de découvertes. On sait qu'il existe plusieurs pôles magnétiques, c'est-à-dire plusieurs points où l'aiguille de la boussole, rendue mobile autour d'un axe horizontal, se place verticalement. On en a découvert un dans l'hémisphère Nord, où l'on a longtemps pensé qu'il en existait deux. Celui que l'on prévoyait au Nord de l'Amérique a été atteint par James Koss, le 28 mai 1831. Il se trouvait alors par 69°34'45» de latitude, et par 94°54'23» de longitude Ouest, dans la presqu'île de Boothia. En 1885, il se trouvait à environ 71° de latitude et 100° de longitude à l'Ouest du méridien de Paris. La récente expédition d'Amundsen avait pour but principal, comme on le sait, d'y séjourner de nouveau et d'y faire des observations précises. Ce but a été atteint. On a cru longtemps qu'il existait un autre pôle magnétique dans la Sibérie orientale.

Dans l'hémisphère Sud, il existe aussi un pôle magnétique, qui, pour n'avoir pas été vu directement, n'en est pas moins indiqué par les déviations de la boussole. Le pôle magnétique austral est maintenant placé approximativement par 78° de latitude et sur la longitude 156° Est de Greenwich [5]. Du reste, la place de ces pôles magnétiques ne paraît pas invariable. Elle change chaque année très notablement, car, pour utiliser l'aiguille de la boussole à marquer le Nord vrai, on a été obligé d'établir, pour chaque point du globe, un coefficient de correction, qui n'est pas constant et qui donne lieu à une table de variations d'une grande amplitude. On sait qu'en France la déclinaison de la boussole varie, en moyenne, de 9 minutes par an.

Pour ce qui est de la distance entre le pôle magnétique et le pôle géométrique de la Terre, dont on a été fort surpris la première fois que l'on a atteint les régions boréales, il n'y a pas beaucoup à s'en étonner. D'abord, le pôle de l'aimantation terrestre peut avoir son siège dans les couches profondes et être inhérent au noyau plutôt qu'à la croûte. Puis, il peut être la résultante d'actions ou de courants multiples que nous ne connaissons pas. Et enfin, même dans un barreau aimanté, ou dans un morceau d'aimant naturel, les deux pôles ne se trouvent pas aux deux extrémités. Ils en sont à quelque distance et à une distance qui correspond assez bien à celle qui sépare le pôle astronomique du pôle magnétique terrestre.

Au surplus, l'écart entre le pôle astronomique et le pôle magnétique peut tenir aussi à l'inclinaison de l'écliptique sur l'équateur, c'est-à-dire à ce fait que la Terre ne tourne pas sur elle-même dans le plan de son orbite. Pour employer une comparaison triviale, nous dirons qu'elle se meut sur le plan de son orbite comme une bille de billard animée d'un *effet*.

En a-t-il toujours été ainsi ? L'axe des pôles a-t-il, à une certaine époque, été perpendiculaire au plan de l'orbite ? On n'en sait rien et, vraisemblablement, on n'en saura jamais rien. Ce pendant la discordance entre les climats anciens, tels qu'ils nous sont révélés par les fossiles et les zones terrestres actuelles, peut faire admettre, dans une certaine mesure [6], que l'axe des pôles a subi un déplacement. Nous entendons par-là un déplacement brusque et considérable, indépendamment du déplacement lent et périodique qui s'opère au cours des âges. Cette hypothèse est également corroborée par un fait bien connu, qui est l'inégalité de courbure des différons méridiens terrestres. Cette inégalité, que l'on a reconnue par la mesure de divers arcs de méridiens sur des longitudes différentes, sera déterminée bien plus facilement et plus sûrement encore lorsque des mesures auront été prises aux pôles mêmes.

Dans l'éventualité du déplacement brusque de l'axe terrestre, on admet que ce déplacement a pu être causé par le choc d'une comète par exemple. Il aurait pu l'être aussi par le retournement du noyau sous l'influence de la traversée d'un certain plan géométrique, tel que le plan médian de la Voie lactée.

Certains commentateurs sont même allés jusqu'à supposer que ce choc avait pu avoir lieu depuis les temps historiques, c'est-à-dire postérieurement à l'apparition de l'homme. Ils y ont cherché l'explication du grand jour de Josué, dont le souvenir a été conservé par la Bible. Il est évident qu'un changement d'axe de rotation de la Terre aurait pour effet d'allonger subitement de plusieurs heures le jour correspondant, aux dépens de la nuit, pour certaines parties de la surface, et de le raccourcir pour une autre partie.

Quoi qu'il en soit, notons aussi, en passant, que l'irrégularité dans la courbure des méridiens, tant de fois constatée, peut s'expliquer par ce fait que l'aplatissement polaire actuel n'occuperait pas le même emplacement que l'aplatissement ancien.

Albert de Lapparent, dont la haute compétence et la grande lucidité n'étaient pas plus douteuses que sa modération dans l'expression des hypothèses, n'hésitait pas à admettre que l'axe des pôles avait dû subir non pas un, mais plusieurs déplacements, les uns graduels, les autres brusques. Ainsi que l'a fait remarquer Lapparent, pour que l'axe de rotation d'un solide quelconque, animé d'un mouvement semblable à celui de la Terre, puisse demeurer constant, il faut que cet axe de rotation coïncide avec un axe principal d'inertie de la figure. Or, la ligne qui joint les deux pôles terrestres ne paraît pas, géométriquement, remplir exactement cette condition.

Et, en admettant qu'à un moment donné cette condition se soit trouvée remplie, elle n'aurait pu se maintenir : les modifications produites dans la répartition des matériaux constitutifs du globe par les cataclysmes dont il a été le siège, par ses transformations internes et même par les modifications de sa surface, suffisent pour que les axes principaux d'inertie aient subi des déplacements au cours des âges géologiques.

* * *

Signalons, en passant, puisque nous venons de parler du magnétisme terrestre, un autre phénomène qui, sans doute, en est connexe, et sur lequel il a été tout récemment émis une hypothèse ingénieuse, et dont la clef se trouve également au Pôle.

Le Soleil, et même peut-être l'Espace en général, envoient à la Terre de l'énergie sous diverses formes. Les rayons lumineux et calorifiques ne sont pas les seuls. Indépendamment des rayons électriques, il en est encore de plusieurs sortes qui sont invisibles à nos sens, mais dont nous arrivons cependant, peu à peu, à constater la présence d'une façon irréfutable ; tels sont les rayons

Rœntgen et bien d'autres. Il est très probable qu'entre autres systèmes de vibrations, la Terre est enveloppée d'un véritable réseau de vibrations, peut-être magnétiques, peut-être différentes du magnétisme, et qui produisent, aux deux extrémités de son axe de rotation, c'est-à-dire aux deux pôles, des déperditions sous forme d'effluves. Ces effluves deviennent probablement lumineux à de certains moments, et ce seraient eux qui constitueraient les aurores boréales. Dans les phénomènes lumineux provoqués récemment, soit par le magnétisme animal, soit par la transformation des rayons électriques, ou par d'autres manifestations radio-actives, on a observé des effluves lumineux en forme de draperies qui ont de singulières analogies avec ce que l'on aperçoit des aurores boréales.

La relation entre les aurores boréales et le magnétisme terrestre a été pressentie depuis assez longtemps en raison de la coïncidence observée entre l'apparition de ces phénomènes lumineux et les perturbations de l'aiguille aimantée, auxquelles on a donné le nom d'orages magnétiques. On pourra avoir l'explication de ces phénomènes, soit par vision directe, soit par observation à l'aide d'appareils appropriés, eh stationnant aux Pôles. Voilà donc encore un ordre de problèmes, dont la conquête du Pôle Nord pourra donner l'explication.

Et, dans un ordre d'idées plus moderne encore, le Pôle pouvait présenter la révélation de phénomènes aussi importants qu'inattendus.

Il y a une théorie qui n'est pas absolument nouvelle et que plusieurs esprits hardis ont formulée à diverses époques, mais qui n'a acquis que tout récemment des racines permettant de la rattacher au domaine des sciences exactes, c'est celle suivant laquelle la Terre serait un être animé, dont nous serions, en quelque sorte, et toute proportion gardée, les microbes. Que l'on ne se récrie pas devant cette hypothèse ! Elle n'a rien de paradoxal. Nous allons essayer de l'expliquer en quelques mots.

Depuis le jour où Haeckel, voici plus de quarante ans, a publié sa *Morphologie générale* [7], et depuis que Gegenbaur, dans son magistral *Traité d'anatomie comparée* [8], avec la lourdeur, mais aussi avec la solidité d'analyse qui le caractérisent, en a commenté les idées en les étayant par des monceaux de preuves, le problème de la complexité des personnalités et de leur superposition s'est posé comme l'un des plus graves et est entré dans le domaine de la zoologie expérimentale.

Il est certain, par exemple, que les globules de notre sang et du sang des animaux supérieurs sont des individus, plus ou moins analogues aux Amibes ; ils naissent, ils vivent, ils meurent, ils se nourrissent, — et peut-être ils raisonnent.

Nous aussi, nous sommes des individus, de même que tous les animaux simples. Mais il est des animaux, d'organisation parfois assez élevée, que l'on appelle *coloniaux*, et qui sont des agrégats d'autres animaux : tels sont certains vers, ou tels sont les Siphonophores et les Ascidies composées. Chacune de leurs colonies est aussi un individu, mais dont la personnalité englobe d'autres personnalités. Celles-ci à leur tour sont formées d'éléments cellulaires. Nous avons donc là sous les yeux trois degrés. Il y en a davantage. Haeckel était arrivé à en distinguer six, sans sortir du règne animal proprement dit. Il est probable en effet que chacune de nos vertèbres est un individu ayant plus ou moins perdu son indépendance, mais bien reconnaissable ; de même chacun des anneaux des insectes ou des autres articulés en est incontestablement un. Il est probable aussi que chacun de nos organes forme, à sa façon, un tout complet. Haeckel, partant de ce point de vue, était arrivé à distinguer six degrés qu'il appelait : les Cellules ou Plastides, les Organes, les Antimères ou Membres, les Mélamères ou Segments, les Personnes, et les Colonies ou Cormus.

Le règne végétal présente des séries analogues.

En somme, ces considérations conduisent à une doctrine à laquelle conduit aussi l'étude de la vie microbienne des cellules, phagocytes et autres, constitutives de notre organisme et que les travaux de Metchnikoff ont récemment mises en lumière.

Cette doctrine est celle que l'on a appelée l'*animisme polizoïque*. Chaque animal est un être ayant sa vie propre et son individualité. Il englobe d'autres animaux, en nombre considérable, beaucoup plus petits que lui, de degré inférieur, faisant partie intégrante de son être, mais ayant aussi leur individualité et leur vie indépendantes.

Laissons de côté la partie la plus intéressante, la plus abstraite, mais aussi la plus redoutable et la plus hasardée des problèmes auxquels cette doctrine donne lieu. Dans quelle mesure le moi, la volonté, la conscience de ces êtres résultants sont-ils dépendants du moi, de la conscience, de la volonté des êtres élémentaires qui concourent à leur formation et à leur existence, et réciproquement ? Dans quelle mesure et à partir de quelle limite la vie, la mort des uns entraînent-elles la vie, la mort des autres ? Où s'arrête le libre arbitre ? Problèmes très élevés et qui ne sont pas près d'être résolus. Ces problèmes, d'ailleurs, sont écartés, mais éludés plutôt que résolus, par d'autres systèmes, le Dynamisme et l'Organicisme, plus matérialistes que l'Animisme polyzoïque. Ces deux systèmes refusent à la force vitale toute existence propre, et la considèrent comme n'étant qu'une simple propriété de la matière ou comme la résultante automatique de la structure ou du jeu des organes.

Bornons-nous, pour le sujet qui nous occupe ici, à constater simplement le fait de l'existence matérielle de cette échelle d'êtres ou d'organismes à travers l'Univers.

Mais il n'y a pas de raison pour que cette échelle s'arrête aux termes énumérés ci-dessus, pas plus à son extrémité inférieure qu'à son sommet.

La cellule, que l'on a si longtemps considérée comme une unité irréductible et comme l'élément vital primordial, ne nous a semblé telle qu'à cause de l'imperfection de nos microscopes. Elle n'est peut-être elle-même qu'une construction fabriquée par des groupes d'êtres nombreux et plus petits qu'elle.

Vers le haut de l'échelle, il n'y a pas de raison pour que la Terre, habitat commun des Animaux et des Plantes, ne soit pas un être, pour qu'au-dessus des animaux, simples ou groupés, on n'ait pas à considérer l'individualité des Mondes, lesquels, eux-mêmes, par rapport à d'autres individualités plus vastes encore, peuvent, malgré leurs dimensions que nous jugeons énormes, n'être que des atomes subordonnés à d'autres existences, et comparables aux globules de notre sang.

Pour nous limiter à la Terre, et même plus particulièrement à la question du Pôle terrestre, qui nous occupe aujourd'hui, nous dirons que, si la Terre est un être vivant, si elle forme un échelon continuant dans l'espace l'échelle des organismes soumis soit à la grande loi de l'Animisme polyzoïque, soit, si on le préfère, à la loi plus simple et plus brutale du Dynamisme organiciste, il n'y aurait nulle invraisemblance à supposer qu'au Pôle se trouve un organe quelconque, servant soit à sa direction, soit à sa nutrition, soit à sa circulation interne, soit à toute autre fin.

Et dans ce cas, — remarquons-le en passant, — la banquise polaire, si infranchissable pour nous, pourrait être un appareil de défense destiné à protéger cet organe délicat ou important contre l'invasion des êtres animés qui habitent la surface du globe. Elle aurait un rôle fonctionnel.

En somme, avant d'avoir atteint le Pôle, il n'y avait aucune absurdité à supposer qu'il pouvait s'y trouver un organe spécial, ou, tout au moins, un détail de structure remarquable, ayant un rôle inconnu. Il se peut qu'il n'y ait rien. Mais, même si l'on n'observe rien à la surface, il faudra encore s'assurer qu'il n'existe aucune particularité spéciale, dissimulée sous la profondeur des mers et sous la calotte de glace Et si, décidément, il n'y a rien de ce genre, lorsque l'on en sera bien sûr, le fait de l'avoir constaté constituera une grande découverte, bien que s'exprimant sous une forme négative.

Du reste, avant de nous prononcer définitivement, attendons que le continuateur de Shackleton ait atteint le Pôle Sud. Qui sait ce que l'on y verra ? L'étude n'est pas finie.

Il n'en est pas ainsi, diront les uns. La Terre, étant donné son mode mécanique de formation, et la manière purement passive dont elle s'est séparée de la masse centrale du système solaire, n'a jamais été animée : la vie n'y a fait son apparition que superficiellement, sous forme de cellule végétale ou animale.

La Terre, diront les autres, a pu être animée, mais elle ne l'est plus. La première condition, pour qu'un astre soit habité, c'est qu'il soit mort.

D'autres enfin abonderont dans le sens du vitalisme de la Terre et iront même plus loin. Car, depuis quelques années, plusieurs des maîtres de la géologie professent que le règne minéral est vivant, et que chacun des cristaux constituants de la croûte terrestre est un être vivant, être à évolution très lente et à sensibilité très obscure, mais vivant, comme le sont les cellules amiboïdes de l'organisme humain.

Les uns ou les autres de ces théoriciens peuvent avoir raison. Mais leurs idées ne sont que des hypothèses, ainsi que l'est aussi notre théorie de la vitalité de la Terre. Ces hypothèses donnent lieu, pour l'esprit humain, à des problèmes et à de très grands problèmes. L'étude du Pôle est de premier ordre pour contribuer, sinon à les résoudre, du moins à les éclairer.

* * *

L'itinéraire suivi par Peary, de même que celui qu'a suivi Cook, se trouve sur la route polaire dite *américaine*, et ainsi nommée, non pas parce qu'elle se trouve au Nord de territoires appartenant aux Etats-Unis, mais parce qu'elle a été découverte, en 1854, par un Américain, le docteur Kane. Du reste, à cette époque, les Etats-Unis ne possédaient aucun territoire riverain de l'Océan arctique. Ils n'en possèdent que depuis 1867, époque où ils ont fait de la Russie l'acquisition de l'Alaska. Et de territoire d'Alaska est situé beaucoup plus à l'Ouest, à l'angle Nord-Ouest du continent américain, tandis qu'il s'agit ici de l'angle Nord-Est. Géographiquement, et nous rappelons cela en passant pour ceux qu'intéresse le problème de la possession politique du Pôle, cette route américaine est un chenal marin qui se trouve au Nord-Est du Nouveau Continent, entre le Groenland, qui appartient au Danemark, et l'archipel, vaste et très découpé, qui constitue, jusqu'à des limites encore inconnues, le prolongement des territoires de la baie d'Hudson. Ces territoires entourant la baie d'Hudson appartiennent maintenant à l'Angleterre, c'est-à-dire au Dominion du Canada. Nous ne pouvons faire ici l'historique des expéditions polaires poussées au Nord de l'Amérique, pas plus que de celles qui ont pris pour base l'extrême Nord de l'Europe ou1 le Nord de l'Asie. Elles ont été nombreuses. Nous rappellerons seulement qu'après les expéditions réitérées tentées par les Anglais, depuis 1825, soit à la découverte du fameux passage du Nord-Ouest, pouvant faire communiquer les navires de l'océan Atlantique avec le détroit de Behring, soit à la recherche de l'amiral Franklin, disparu dans les glaces, le docteur Kane, prenant une nouvelle route, avec le navire l'*Advance*, partit des Etats-Unis le 30 mars 1853, pénétra vers le Nord, parle détroit de Davis, puis suivit la même direction, c'est-à-dire celle du Nord-Ouest par rapport au Labrador, jusqu'au fond de la mer de Baffin. A l'extrémité de cette mer, fréquentée jusque-là surtout par des baleiniers et que l'on croyait être une impasse, puisqu'on lui donnait souvent le nom de *baie de Baffin*, il découvrit, au-delà du détroit de Smith, un passage qui conduisait droit au Nord. Après l'avoir franchi, il se trouva dans un assez vaste bassin d'eau libre qu'il crut être le bassin du Pôle, et, de retour en Amérique, il formula sa théorie d'une mer polaire libre de glaces. Cette théorie pouvait, du reste, se corroborer par la considération que le pôle du froid ne coïncide pas avec le Pôle Nord. Il se trouve bien plutôt dans le voisinage du pôle magnétique, au moins pour ce qui concerne le côté américain de la sphère. Un autre pôle du froid existe, dans l'océan Arctique, au Nord de la Sibérie. Kane avait atteint 78°41'.

D'autres expéditions reprises par le docteur Kane lui-même, puis par ses continuateurs, pendant les années suivantes, montrèrent que le bassin, appelé d'abord Mer polaire de Kane, ne s'étendait pas jusqu'au Pôle. En mars 1854, un autre Américain, le docteur Hayes, atteignit 79°43' et découvrit la terre de Grinnell. Il reconnut que la mer de Kane était un bassin fermé, relativement peu étendu, prolongé vers le Nord par un autre détroit, le chenal Kennedy, au-delà duquel l'expédition de Morton trouva de nouveau un espace d'eau libre qui arrêta les traîneaux, par 80° 45', et qui fut considéré comme étant le vrai bassin polaire.

Quelques années après eut lieu une autre expédition américaine, celle de Hall, qui découvrit le Bassin de Hall et le canal de Robeson.

Plus tard, en 1875, l'amiral anglais Nares, ayant pénétré avec deux navires, l'*Alert* et le *Discovery*, dans la même direction jusqu'à 82° 25', fut arrêté par des glaces infranchissables d'une grande épaisseur, et il donna à la région qu'il avait atteinte le nom de Mer Paléocrystique. Il voulut indiquer par-là ce fait que la glace qu'il avait rencontrée existait, sinon de tout temps, du moins depuis une époque préhistorique. C'est alors qu'à la théorie de la mer libre de Kane se substitua l'idée qu'il existait au Pôle une calotte de glace immuable, c'est-à-dire pouvant être classée au nombre des roches constitutives de l'écorce terrestre, et formée par des couches successives accumulées pendant des siècles, consolidées à tout jamais.

Cette théorie fut d'ailleurs confirmée, d'une part, par les

obstacles que rencontra, vers la même époque, l'expédition polaire autrichienne de Payer et Weyprecht, au Nord de l'Europe, et, d'autre part, par la constatation de l'existence de la grande barrière de glaces du Pôle Sud, haute en certains points de 600 mètres, et qui s'avance sur la Mer du Sud jusqu'à une latitude bien plus basse que les glaces boréales.

Cette théorie de la congélation permanente des deux pôles, et en particulier du Pôle Nord, fut généralement admise, jusqu'au moment où la découverte de l'épave de la *Jeannette* vint tout bouleverser.

Le capitaine de Long et ses compagnons, partis sur la *Jeannette*, en 1879, par le détroit de Behring, après avoir pénétré dans l'océan Arctique, au Nord-Est de la Sibérie, jusqu'à une assez haute latitude, abandonnèrent, le 9 janvier 1881, les débris de leur navire pris dans les glaces, et écrasé par elles. Partis en canot, puis à pied sur les glaces, ils moururent de faim et de froid dans le delta de la Lena, en octobre 1881, après avoir réussi à atteindre la terre ferme. Leurs corps ainsi que leurs papiers furent plus tard découverts par les expéditions envoyées à leur secours. Mais, trois ans après, la carcasse du navire fut retrouvée sur la côte orientale du Groenland, et tous les marins furent d'accord pour estimer que, pour que l'épave ait pu arriver à ce point, il fallait qu'encastrée dans la glace et entraînée à la dérive, elle eût passé à peu près exactement au Pôle même, avec la glace qui la portait. Et la vitesse avait été relativement considérable, plus de deux nœuds et demi par jour.

Cette observation fut le point de départ de l'idée de Nansen. Il imagina de faire construire un navire, le *Fram*, d'une forme et d'une résistance telles que, pris dans la glace, il ne pût pas être écrasé, mais fût soulevé et porté à la surface de la glace comme dans un berceau. Il l'approvisionna de manière que son équipage pût vivre dix ans. Il le fit monter par un très petit nombre d'hommes, et, partant de Norvège, il s'enfonça vers le Nord-Est avec l'intention de se faire prendre dans la glace comme la *Jeannette* et de se faire entraîner comme elle, espérant découvrir le Pôle en cours de route.

On voit que l'idée de Nansen excluait l'hypothèse d'une mer paléocrystique et d'une glace permanente au Pôle et y substituait l'idée d'une translation des glaces boréales de l'Est à l'Ouest par rapport au Vieux Continent (ou, ce qui revient au même, de l'Ouest à l'Est par rapport à l'Amérique). Dans cette translation, les glaces formées au Nord du détroit de Behring s'en allaient, en passant par le Pôle, jusqu'au Nord de l'océan Atlantique, en une période moyenne de trois ans.

La banquise, au lieu d'être préhistorique, serait donc, sauf dans quelques coins particuliers, où les glaces se bloquent dans des impasses, de formation récente. Elle se désagrégerait constamment au Nord de l'océan Atlantique, en formant des glaces flottantes qui y dérivent en grande quantité et qui descendants parfois jusque dans les régions habituellement parcourues par les navires allant d'Europe en Amérique.

On sait quelle fut l'issue de l'expédition de Nansen. Pendant la période d'été, il s'avança autant qu'il le put vers le Nord-Est. Le *Fram* fut pris dans la glace, le 29 septembre 1893, et s'y encastra, heureusement sans avarie, ainsi que cela avait été prévu, puis il dériva vers l'Ouest. Mais, il n'avait pas» atteint le méridien où avait été abandonnée la *Jeannette* et, soit pour cette raison, soit parce qu'il existerait, au Nord des îles Liakhoff, des terres inconnues formant barrage et refoulant les courants marins, le *Fram* revint au Nord de l'océan Atlantique où il fut heureusement délivré des places, mais sans avoir passé par le Pôle même. Il était resté à environ 4 degrés au Sud. Nansen, se rendant compte de cette trajectoire, abandonna le navire au capitaine Sverdrup, et, dès le 14 mars 1895, avec un seul compagnon, Johansen, il se lança en traîneau, sur la glace, dans la direction du Pôle. Mais, arrêté par les froids extrêmes de la nuit polaire, en cette saison d'hiver, et repoussé par les terribles obstacles qu'offre la surface de la banquise, il ne put, malgré son énergie, atteindre son but. Il n'en approcha qu'à 420 kilomètres, et lorsque, plus tard, il fut de retour en Europe, il constata, en repérant son itinéraire, qu'il n'était guère allé plus loin vers le Nord que ne l'avait fait, dans sa dérive, le navire abandonné par lui.

Après avoir, le 7 avril 1895, atteint la latitude de 86°13', Nansen et Johansen durent revenir vers le Sud. Ils hivernèrent sur l'île Frédéric Jackson, par 80° de latitude, et rentrèrent en Norvège le 2 août 1896, à bord du *Windward*, qui les avait recueillis. Le *Fram* rentra presque en même temps.

Les autres expéditions faites depuis, aussi bien que les expéditions projetées par les Européens, et qui se sont appuyées sur les moyens modernes, la récente expédition du duc des Abruzzes, les expéditions aérostatiques d'Andrée et de Wellmann, avaient pris pour base les îles situées au Nord de l'Europe, le Spitzberg et l'archipel François-Joseph. Celle du baron Toll, partie en 1904, et qui ne revint jamais, avait pour point de départ l'Extrême-Nord de l'Asie.

Ainsi, l'expédition de Nansen l'a prouvé, la mer paléocrystique n'existe pas.

La glace paléocrystique existe en certains points du globe, dans les régions polaires. Elle existe assurément, à l'état fossile, à l'embouchure de la Lena, où l'on a découvert des cadavres de mammouths conservés à l'état frais dans des blocs de glace qui les tenaient enfermés depuis l'époque quaternaire. Elle existe aussi dans certains détroits resserrés au Nord de l'Amérique du Nord, par exemple dans les détroits où furent abandonnés les vaisseaux de sir John Franklin et quelques-uns de ceux qui allèrent à sa recherche : après plus de cinquante ans, on en a encore retrouvé les débris immobilisés.

Enfin, la glace antique, et que l'on pourrait appeler rocheuse, existe encore à l'intérieur des terres, par exemple sur presque toute la surface du Groenland, qui, sur une énorme épaisseur, est entièrement couvert d'une accumulation de neiges et de glaces remontant à un très grand nombre d'années et qui ne fondent jamais. Il en est très probablement de même sur les terres du Pôle Sud.

On donne à cette glace terrestre, des régions polaires, formée par le tassement et la cristallisation lente des précipitations atmosphériques, un nom spécial et consacré par l'usage, celui d'*inlandsis*. Ce mot, à étymologie danoise, signifie *glace de l'intérieur des terres*.

Ce terme, comme la plupart de ceux qui désignent les divers éléments techniques de la lutte polaire, appartient au jargon spécial, à racines polyglottes et à formation plus qu'irrégulière, que les baleiniers ou autres affronteurs du Pôle ont, en risquant leur vie, acquis le droit d'imposer peu à peu à la partie sédentaire du genre humain, comme l'ont fait aussi les pionniers de l'aviation et de l'automobilisme, pour le plus grand désespoir des grammairiens et pour la plus grande incohérence des langues de l'avenir. On le voit, la course au Pôle est bien un sport.

Mais, au Pôle Nord, à l'endroit précis du Pôle, et dans tout le centre de la partie marine du bassin polaire boréal, la glace n'est pas permanente, elle se transporte et se renouvelle, ce qui l'empêche d'atteindre une épaisseur illimitée.

Les expéditions de Peary et de Cook ont repris la vieille route du docteur Kane, qu'avaient, depuis cette époque, jalonnée plusieurs expéditions, dont la plus prolongée avait été celle du capitaine Greely. Celle-ci, partie de Terre-Neuve avec le vaisseau le *Protée*, dura depuis le mois de juillet 1881 jusqu'au mois d'août 1884 : elle se termina par la mort de presque tous les explorateurs, dont l'un, le lieutenant Lockwood, avait atteint, au mois de mai 1883, la latitude de 83°30'25» au Nord du Groenland.

Peary lui-même, depuis 1886, avait fait plusieurs expéditions dont il a été rendu compte dans les milieux géographiques, et c'était lui qui, pour continuer à parler un langage barbare, mais aujourd'hui usuel, détenait, avant son expédition actuelle, le record de l'approche du Pôle.

En 1906, au Nord de la Terre de Grant, il était arrivé à 87°45' de latitude, c'est-à-dire à 324 kilomètres du Pôle, dépassant de plus de 4 degrés les points extrêmes atteints par Greely et Lockwood. Déjà en 1901, il avait, au Nord du Groenland dépassé le 84e degré, et, en 1902, il avait atteint 84°17'.

Immédiatement après lui venait l'expédition du duc des Abruzzes, exécutée dans un tout autre secteur, au Nord-Est de l'Europe. Tandis que la *Stella Polare* était échouée dans la baie de Tœplitz, au Nord de l'archipel François-Joseph, où les glaces brisèrent sa coique en septembre 1899, le capitaine Cagni, parti en traîneau, atteignit, le 25 avril 1900, avec trois de ses compagnons, la latitude de 86° 33', c'est-à-dire qu'il parvint à une distance de 383 kilomètres du pôle, soit à 37 kilomètres plus au ord que Nansen.

Le manque de vivres seul empocha le capitaine Cagni d'aller plus loin, car, dit-il, à mesure qu'il approchait du Pôle, les obstacles de la banquise devenaient moindres.

On sait que la *Stella Polare*, sommairement réparée par son équipage et remise à flot, put, dans le courant de l'été 1900, revenir jusqu'en Europe par ses propres moyens et atteindre, le 6 septembre 1900, Hammerfest, en Norvège.

* * *

Toutes les expéditions tentées au Nord de l'Europe, au cours des dernières années, ont été arrêtées par l'énorme difficulté que présente, au moins dans ce secteur, la surface de la banquise. En effet, la surface de la glace marine appelée banquise n'est pas unie. On peut la comparer à ce que serait, à une échelle bien moins grande, une accumulation de tuiles brisées, refoulées les unes sur les autres et soudées entre elles. Après des pentes, souvent très inclinées et que leur matière rend glissantes, on parvient à des escarpements à pic et même en surplomb, dont la hauteur peut être très grande. Ailleurs, ce sont des blocs en désordre, redressés ou même retournés et repris par des congélations successives de la masse.

Avancer sur un pareil terrain est extrêmement difficile. Ni les traîneaux, ni les piétons ne peuvent y progresser d'une façon quelque peu rapide. Les navires ne le peuvent pas davantage. Les chenaux d'eau libre sont rares, momentanés, et constituent des impasses inconnues Aussi conçoit-on que des explorateurs hardis, en désespoir de cause, aient fini par trouver que la locomotion aérienne était le seul moyen pratique d'atteindre le Pôle Nord. Au Nord de l'Amérique, il paraît n'en pas être ainsi. Les glaces traversées par Peary présentaient une surface relativement unie. Il semble que, dans ces parages, la banquise, au lieu d'être formée de morceaux qui s'accumulent les uns sur les autres, ait, au contraire, une tendance à se disjoindre et à s'étaler. Les chenaux d'eau libre causés par ces fractures sont le principal obstacle que rencontrent les voyageurs. Il est vrai de dire que, par de pareilles températures, la surface de ces crevasses ne tarde pas à se figer, et qu'au bout de quelques heures la glace nouvelle, formée dans ces conditions, peut supporter le poids des hommes et des traîneaux. C'est à la surface d'une banquise ainsi constituée que Peary a progressé vers le Nord, d'une façon dangereuse, mais rapide.

Edouard Blanc

Il est très rare pourtant que la glace, formée directement par la congélation de la surface de la mer, atteigne, dans l'océan Arctique, une épaisseur de plus de 2 mètres, quel que soit le froid atmosphérique. Car le bassin polaire est rempli d'une eau dont la température, près de la surface, paraît être + 1°, et est probablement, vers le fond, voisine de + 4°.

Mais cette glace unie, l'*icefield*, se brise sous les énormes pressions latérales qu'elle subit, ainsi que sous l'influence des marées. Ses fragments s'accumulent, se redressent, s'attachent les uns aux autres par le regel, et forment des amoncellements appelés *hummocks* ou des *toross*. Le tout, soudé à diverses reprises, constitue le *pack* de la banquise.

Quant aux *icebergs*, ou montagnes de glace, d'une épaisseur beaucoup plus considérable, et qui atteignent souvent, dans leur dérive, avant de fondre complètement, les zones tempérées de l'océan Atlantique, où les navires les rencontrent, ils proviennent en général, non pas de la congélation des mers, mais des glaciers terrestres qui couvrent les parties insulaires ou continentales de la région arctique. Aussi ces énormes blocs sont-ils formés en général d'eau douce, et non pas d'eau salée.

Les îles arctiques, et le Groenland, notamment, sont couvertes d'une énorme accumulation de neige, provenant des apports atmosphériques, et qui, peu à peu, se transforme en glace. C'est ce qui arrive dans les glaciers des régions montagneuses de nos climats. De même que ceux-ci, les glaciers polaires marchent. Seulement, ils descendent jusqu'au niveau de la mer. Lorsque leur front, dont la hauteur mesure parfois des centaines de mètres, atteint la côte, s'il est en présence d'une eau libre, il se désagrège en blocs flottants que les courants marins emportent. Si au contraire le glacier se déverse sur une mer gelée, ses blocs chargent la banquise et sont incorporés au *pack*.

* * *

Il y a beaucoup d'autres observations capitales pour la connaissance du globe et qui seraient à faire aux pôles, à la condition que l'on puisse y stationner suffisamment longtemps. Nous ne prétendons pas les citer toutes. Nous sommes même certains d'oublier ici les principales d'entre elles. Mais nous pouvons mentionner, par exemple, la vérification directe du coefficient d'aplatissement, tant de fois controversé.

On sait, en effet, que la sphère terrestre n'est pas ronde, et qu'elle est aplatie aux deux pôles. On a commencé à s'en douter, en France, déjà sous Louis XIV, en constatant que les différents arcs méridiens ayant un degré d'amplitude ne sont pas égaux sur un même méridien, selon qu'on s'approche ou qu'on s'éloigne de l'équateur. On en a conclu, par un raisonnement mathématique très simple, que la terre était aplatie aux pôles. Mais, par un autre raisonnement mathématique tout aussi simple et tout aussi rigoureux, d'autres savants ont conclu que la Terre était surélevée aux pôles. D'où est résultée une querelle célèbre dans le monde des académiciens.

El les combattants n'étaient, pas les premiers venus : Newton et Huyghens d'un côté, Cassini et Mairan de l'autre. Aussi les savants se partagèrent-ils en deux camps également convaincus et acharnés, les *Newtoniens* ou *aplatisseurs* et les *Cassiniens*. La lutte dura longtemps.

Enfin, en 1835, pour trancher la question, l'Académie délégua trois de ses membres, La Condamine, Bouguer et Godin, qu'elle chargea d'aller mesurer un arc de méridien au Pérou, près de l'équateur, et, l'année suivante, elle en désigna quatre autres, Maupertuis, Clairaut, Camus et Le Monnier, pour aller faire la même opération en Laponie, le plus près possible du Pôle. La combinaison de ces deux mesures donna raison aux aplatisseurs et fournit, comme valeur de l'aplatissement, 1/319. La combinaison de la mesure du Pérou avec la mesure de l'arc français donna 1/307. L'infaillible génie de Newton avait pressenti la vérité. Le conflit est maintenant tranché. Après l'avoir cherchée quelques dizaines d'années, on a découvert l'erreur de raisonnement géométrique qui avait donné lieu à l'équivoque [9]

En somme, on est arrivé, par des calculs astronomiques, à déterminer à peu près rigoureusement le coefficient d'aplatissement terrestre, c'est-à-dire la différence entre le diamètre transversal de la Terre à l'équateur et le diamètre qui joint ses pôles. Mais ce chiffre, laborieusement établi, et qui n'est pas certain, pourra être bien plus rigoureusement fixé et déterminé d'une façon définitive quand on aura pu stationner au Pôle Nord et au Pôle Sud.

Un autre problème curieux, dont le stationnement aux pôles donnera la solution, laquelle va peut-être immédiatement découler des observations qu'a faites Peary, c'est la vérification de la verticale. Est-il certain que la verticale du Pôle passe par le centre de la terre ? C'est-à-dire un fil à plomb tenu à la main par un observateur placé au Pôle passe-t-il par le centre de la Terre ? Cette ligne coïncide-t-elle avec ce que les astronomes anciens appelaient l'axe du monde, c'est-à-dire avec l'axe de la voûte céleste ? Ou, si l'on veut, la verticale géométrique coïncide-t-elle au Pôle avec la verticale de la gravité ? Voici encore un problème à propos duquel le Pôle nous réserve des surprises.

* * *

Il y a encore bien d'autres choses à observer au Pôle.

Par exemple, le rebroussement des vents. Les courants des vents appelés *polaires* par Humboldt, venant de l'équateur suivant les méridiens et déviés vers l'Est par la rotation de la Terre, sont théoriquement tous tangents au Pôle avant de reprendre leur marche compensatrice en sens inverse.

Les diverses théories anémométriques admettent presque toutes un point de rebroussement ou un changement de direction des courants aériens au Pôle Nord. Au simple point, de vue de la pression atmosphérique, il pourrait y avoir aussi au Pôle, d'une façon permanente, soit un cyclone, soit un anticyclone. Peary ne l'a pas vu. Il paraît avoir rencontré une atmosphère calme. Cependant le régime cyclonal y existe peut-être d'une façon intermittente. L'axe polaire lui-même n'est pas fixe, ainsi qu'on le sait. Il subit une modification constante qui lui imprime un incessant déplacement. Et c'est ce balancement de l'axe qui seul, peut-être, empêche la formation d'un tourbillon en forme de trombe en étalant, en quelque sorte, l'emplacement du Pôle, qui n'est plus qu'un centre instantané de rotation au lieu d'être un point fixe permanent.

Du reste, le seul fait qu'il n'y ait pas de trombe aérienne au Pôle est déjà merveilleux. C'est un fait tout aussi étonnant, et tout aussi intéressant à constater que si on y en avait trouvé une. Dans tous les cas, les observations barométriques doivent certainement révéler au Pôle des anomalies ou, pour mieux dire, des lois encore inconnues dans la pression de l'atmosphère.

A côté de la variation de la pression atmosphérique, il y a encore une autre série d'observations au moins intéressantes à faire au Pôle, c'est l'étude de la charge électrique de l'atmosphère et du sol.

Tout ce qui est relatif à la variation du potentiel est de première importance comme observations à faire au Pôle.

* * *

En résumé, le nombre des problèmes de physique dont le séjour de l'homme aux pôles pourra donner la solution, et surtout le nombre des gros problèmes que l'on pouvait se poser et qui pouvaient modifier du tout au tout ce que nous appelons notre connaissance du globe et ce qui n'est en fait que l'échafaudage de nos hypothèses, est considérable.

M. Schrader a mentionné l'intérêt que présenterait, pour les nations européennes, l'établissement d'une série d'observations circumpolaires pouvant annoncer aux pays civilisés de l'hémisphère Nord l'avenir probable des saisons, de même que les stations météorologiques transatlantiques leur annoncent aujourd'hui les tempêtes.

Nous laissons de côté les applications industrielles que l'Humanité future saura sans doute faire, pour ses besoins, de sa conquête du Pôle. Dans un avenir plus ou moins prochain, les hommes sauront probablement emprunter, aux régions polaires et à la calotte de glaces surabondante qui s'y trouve les eaux et le froid nécessaires pour arroser et tempérer les Saharas. Ils sauront capter sur l'axe du monde des provisions d'énergie qui donneront aux régions habitées des réserves de force auprès desquelles les forces industrielles actuelles ne sont que des quantités infiniment petites.

Mais ces différons problèmes, dont la solution existe en germe dans la Science actuelle, sortent du cadre de notre esquisse d'aujourd'hui. Dans celle-ci, nous avons seulement voulu montrer que la simple vue du Pôle résout déjà des problèmes du plus haut intérêt.

Beaucoup de savants et aussi beaucoup de gens non savants diront

Edouard Blanc

demain, comme ils le disaient hier : « Assurément il n'y a rien aux Pôles. On s'en doutait bien. » Mais si, contrairement à toute attente, après avoir franchi l'horizon que limitait la banquise, les explorateurs s'étaient trouvés tout à coup en présence de quelque organe étrange, ou de quelque phénomène insoupçonné, toutes les hypothèses scientifiques se seraient, comme il arrive toujours en pareil cas, instantanément, assouplies. Elles auraient été remplacées par d'autres hypothèses également logiques : le sens commun, de même que la logique de la Science, sont toujours d'accord avec la découverte d'hier, Ils ne le sont pas toujours avec celle de demain.

Pour en revenir à la question d'*utilité* de la découverte du Pôle, la Science pure ne se préoccupe pas des applications utilitaires. Son but unique est la connaissance d'une partie des lois de l'Univers ou d'une partie du grand secret de Dieu. Chaque découverte scientifique permet à l'homme d'apercevoir, par un coin du voile soulevé, une petite fraction de l'absolu, ou du moins de ce qui, dans l'absolu, n'est pas inconnaissable à la raison humaine.

Quant aux applications, elles en découlent d'elles-mêmes par la force des choses, dans un délai qui n'est jamais bien long. Notre égoïsme suffit à nous les faire trouver. Il n'y a pas à s'en préoccuper. Après l'utilisation des combustibles minéraux pour la production de la force par la vapeur, après la *houille blanche* qui utilise, en ce moment, la force des chutes d'eau, déjà considérable comparativement à nos forces humaines, après la *houille bleue*, dont l'on commence à entrevoir la conquête, et qui emploiera la force infiniment plus considérable encore des marées, si un jour l'Humanité doit utiliser les forces colossales développées par la rotation de la Terre, et qui actuellement, sous forme d'effluves ou autrement, s'en vont éperdues dans l'espace, c'est au Pôle que sera le point le plus favorable pour la prise de force. Cette considération, si large à elle seule, nous la jetons, en passant, aux utilitaires qui demandent *à quoi sert* une découverte.

Au surplus, il est fort rare qu'une découverte scientifique, même très considérable, donne lieu immédiatement à des applications utiles. Celles-ci résultent en général, non pas directement d'une grande découverte, mais de la combinaison d'une découverte nouvelle avec d'autres trouvailles humaines antérieures et dont la plus indispensable, au point de vue de l'application, n'est souvent pas la plus géniale ni la plus brillante.

Presque toujours les utilisations de la Science découlent de l'état collectif des connaissances humaines, à un moment donné, et non pas d'une découverte isolée en particulier.

Nous ne savons pas encore de quels avantages pratiques pour le bien-être de notre espèce la découverte du Pôle sera le signal. Mais en présence des formidables énigmes dont la simple vue du Pôle donne la solution, ou plutôt dont le mystère du Pôle cachait jusqu'à présent la solution, on peut conclure immédiatement que la certitude, même négative, sur chacun des points indécis, constitue déjà un énorme pas en avant dans le champ du savoir humain.

Notes

1.   Cf. Laplace, Mécanique céleste.

2.   Cf. Lowthian Green, Vestiges of the molten Globe. Londres, 1873.

3.   Ces cinq polyèdres sont le tétraèdre, formé de quatre faces triangulaires, l'hexaèdre ou cube, avec six faces carrées, l'octaèdre, avec huit faces triangulaires, le dodécaèdre pentagonal, avec douze faces dont chacune est un pentagone régulier, et l'icosaèdre, avec vingt faces triangulaires.

4.   Nous mentionnons ces diverses théories modernes comme étant celles qui, à la fin du dernier siècle, sont venues remplacer ou modifier le célèbre système du Réseau pentagonal, par lequel Élie de Beaumont avait expliqué la formation des reliefs de la croûte terrestre.

5.   Ces chiffres sont ceux qui étaient admis l'année dernière, hypothétiquement et d'une façon provisoire, par la considération des courbes isogones. On sait depuis peu que le Pôle magnétique austral a été trouvé et directement observé par l'un des compagnons de Shackleton, Mr Edgeworth David. Et, depuis le moment où cet article a été écrit, la situation exacte de ce point a été calculée et portée à la connaissance du monde savant. Elle est, pour la latitude, de 72° 25' S., et, pour la longitude, de 155° 16' à l'Est de Greenwich.

6.   Nous disons « dans une certaine mesure, » parce qu'il existe

d'autres explications déjà suffisantes à elles seules pour justifier la différence entre les climats actuels et les climats que subissait la Terre à d'autres époques géologiques. Le fait de cette différence, en ce qui concerne les pôles, est incontestable en lui-même. On en a la preuve par la découverte, dans les régions aujourd'hui glacées de vestiges d'animaux fossiles, et par la présence, au Spitzberg, par exemple d'abondantes couches de houille qui ont été constituées par des forêts de fougères arborescentes.

Les couches de houille, à ciel ouvert, observées par Greely et par Longwood, de 1881 à 1883, au Nord de la Terre de Grinnell et du Groenland, celles que découvrit l'expédition de Nares dans les mêmes régions, et celles qu'avait, bien auparavant, trouvées Parry sur les rivages de l'île Melville, indiquent l'existence ancienne, sous ces latitudes, d'une flore qui actuellement ne saurait y vivre.

Indépendamment de l'explication résultant du refroidissement général de notre globe, hypothèse qui est aujourd'hui contestée, il y a lieu de constater que les climats étaient, à l'époque houillère, non pas seulement plus chauds, mais beaucoup plus uniformes qu'ils ne le sont aujourd'hui. On explique cette uniformité par la plus grande épaisseur et la plus grande humidité de l'atmosphère. Cette atmosphère, qui, à l'époque houillère, était trois fois plus épaisse qu'aujourd'hui, et contenait, outre une plus grande proportion d'eau, tout l'acide carbonique englouti depuis, avait un pouvoir de dispersion qui envoyait aux pôles presque autant de chaleur qu'à l'équateur.

Une seconde explication consiste à supposer qu'à une époque où la vie animale et végétale avait déjà fait son apparition à la surface de la terre, et notamment durant la période houillère, le Soleil était encore à l'état nébuleux et possédait un diamètre beaucoup plus grand qu'aujourd'hui. Actuellement le diamètre apparent du Soleil est tel, par rapport à nous, que tous ses rayons arrivent à la Terre d'une façon sensiblement parallèle. Il en résulte pour nous différents phénomènes, notamment l'égalité des jours et des nuits à l'équateur, ainsi que l'existence des nuits de six mois et des jours de six mois aux pôles. Si le Soleil était assez grand pour que les rayons issus de ses bords et transmis à la Terre arrivent à celle-ci en formant un angle notable, les pôles n'auraient plus de nuit prolongée, et les différences de durée entre les jours polaires et les jours équatoriaux seraient très atténuées.

Un Soleil nébuleux donnerait moins de chaleur, assurément, qu'un Soleil contracté et incandescent comme il l'est actuellement, mais cette différence pourrait être compensée et par son plus grand diamètre et par son plus grand voisinage. La quantité totale de chaleur reçue par la Terre dans une année pourrait être la même. Et, dans tous les cas, cette chaleur solaire reçue par la Terre serait répandue à sa surface d'une façon beaucoup plus uniforme que maintenant. En d'autres termes, les différences de climat entre les zones terrestres seraient diminuées.

Une troisième explication, suffisante à elle seule, aussi bien que les précédentes, consiste à invoquer la variation de l'excentricité de l'orbite terrestre.

On sait que la Terre décrit autour du Soleil, dans sa révolution annuelle, non pas un cercle, mais une ellipse, dont le Soleil occupe un des foyers. Le moment où la Terre est le plus près du Soleil s'appelle périhélie, le moment où elle en est le plus loin s'appelle aphélie. Le périhélie coïncide avec la saison qui est l'hiver pour l'hémisphère boréal et l'été pour l'hémisphère austral. L'inverse a lieu pour l'aphélie. Il en résulte que l'hémisphère Nord est plus tempéré que l'hémisphère Sud, la distance du Soleil tendant à corriger les saisons pour le premier, à les exagérer pour le second. L'une des conséquences est non seulement que l'hiver du Pôle Sud est plus froid que l'hiver du Pôle Nord, mais que, tout compte fait, le Pôle Sud est le plus froid des deux pôles. On peut le constater par le diamètre de la calotte de glaces qui le recouvre, ainsi que par la température des terres placées à des latitudes australes égales à celles qui, dans l'autre hémisphère, sont encore très habitables.

Or, les astronomes ont découvert que l'excentricité (c'est-à-dire le rapport de la différence entre les deux axes de l'ellipse orbitale à la longueur du grand axe), rapport d'où dépendent le périhélie et l'aphélie, n'est nullement invariable. Elle est aujourd'hui de 1/60. Maison admet maintenant qu'au cours des âges elle peut devenir nulle, et qu'elle peut aussi s'élever jusqu'à 1/12 et même un peu au-delà.

Dans cette dernière conjoncture, surtout si elle se produisait à un moment où la ligne des solstices coïnciderait avec le grand axe de l'orbite, il surviendrait certainement une grande modification dans les climats. La différence entre les climats s'atténuerait beaucoup pour l'un des hémisphères, elle s'exagérerait pour l'autre. L'un des pôles subirait un froid excessif qu'un été plus chaud compenserait difficilement, et l'autre pôle, probablement, dégèlerait presque entièrement. Il a pu en être ainsi dans le passé.

Quant aux périodes où l'excentricité a pu être nulle, elles ont été caractérisées simplement par l'égalité de climat des deux pôles entre eux.

7.   Cf. Haeckel, Generelle morphologie der Orqanismem, 2 vol., Berlin, 1866.

8.   Cf. Gegenbaur, Traité d'anatomie comparée. Une édition française (1 vol. Paris, Reinwald, 1874) a été publiée et annotée par Carl Vogt.

9.   Pour ce qui est de la valeur de cet aplatissement, les chiffres donnés ont été très divers. Newton, après avoir calculé que la différence entre l'intensité de la pesanteur à l'équateur et au Pôle devait être de 1/289, en déduisait que le coefficient d'aplatissement, c'est-à-dire la différence entre le diamètre équatorial de la Terre et le diamètre joignant ses deux pôles, devait être de 1/239.

Huyghens, l'inventeur du pendule, après avoir observé de combien devait être raccourci un pendule transporté de Paris à la Guyane pour continuer à battre la seconde, calcula pour l'aplatissement, dès 1690, une valeur de 1/578.

Cassini, de son côté, à la suite des mesures géodésiques qu'il effectua de 1680 à 1718, concluait qu'au contraire la Terre devait être renflée aux pôles et il évaluait à 1/11 la valeur de ce renflement.

Delambre et Méchain ont trouvé, en 1798, lors de l'établissement du système métrique, 1/334.

Laplace a calculé que la forme d'équilibre du globe, supposé fluide, correspondait à un aplatissement compris entre 1/231 et 1/578.

A des époques plus modernes, Bessel a trouvé 1/299 en combinant les dix mesures d'arc qui lui semblaient mériter le plus de confiance. M. Faye. en France, tenant compte des mesures géodésiques faites dans le Nord de l'Allemagne. a trouvé 1/292. Les astronomes russes ont trouvé 1/299,5.

Al. Clarke, aux États-Unis, en faisant entrer en ligne de compte les mesures d'arcs de méridiens, d'une longueur exceptionnelle, qui ont été effectuées dans ce pays, est arrivé au chiffre de 1/294,6. En 1898, l'ensemble des mesures géodésiques faites dans l'Amérique, du Nord a donné comme résultat 1/306,5.

L'unanimité est donc loin d'être établie.

Il est vrai que l'on explique ces discordances en admettant que le sphéroïde terrestre n'est pas régulier, et que ses divers méridiens ne sont pas égaux entre eux.

Parmi les astronomes qui opérèrent spécialement dans, les régions voisines du Pôle arctique, Parry, en 1825, à la suite de ses expéditions polaires, trouva 1/309,2, Depuis lors Sabine trouva 1/289,1, Melville, 1/312,6, Frère 1/306,7.

ISBN : 978-1544065502

www.ingramcontent.com/pod-product-compliance
Lightning Source LLC
Chambersburg PA
CBHW051825170526
45167CB00005B/2155